城市地下空间信息化技术指南

李晓军 主编

图书在版编目(CIP)数据

城市地下空间信息化技术指南/李晓军主编. --上海：同济大学出版社，2016.4

ISBN 978-7-5608-6270-5

Ⅰ.①城… Ⅱ.①李… Ⅲ.①城市空间—地下建筑物—信息化—指南 Ⅳ.①TU984.11-62

中国版本图书馆 CIP 数据核字(2016)第 062221 号

城市地下空间信息化技术指南

李晓军 **主编**

责任编辑 高晓辉 马继兰 **责任校对** 徐春莲 **封面设计** 陈益平

出版发行 同济大学出版社 www.tongjipress.com.cn

(地址：上海市四平路 1239 号 邮编：200092 电话：021-65985622)

经　销 全国各地新华书店

印　刷 常熟市大宏印刷有限公司

开　本 850 mm×1168 mm 1/32

印　张 3.25

字　数 87 000

版　次 2016 年 4 月第 1 版 2016 年 4 月第 1 次印刷

书　号 ISBN 978-7-5608-6270-5

定　价 28.00 元

前 言

根据“十二五”国家科技支撑计划《城市深层地下空间与地下综合体开发技术及数字化研究》(课题编号:2012BAJ01B04)的任务书要求,同济大学组成编制组,调研了国内外城市地下空间信息化现状,分析了我国目前城市地下空间信息化管理特点,参照国内外相关规范和规程,编制了《城市地下空间信息化技术指南》(以下简称《指南》)。

本《指南》共分7个章节,主要内容包括:1 总则;2 术语;3 城市地下空间信息化管理体系;4 城市地下空间信息化平台;5 城市地下空间基础资料信息化;6 城市地下空间数据标准;7 城市地下空间信息化应用。

本《指南》的发布,是为了更好地推进城市地下空间信息化工作,为城市地下空间信息化工作者提供借鉴和参考,提高城市地下空间信息化管理水平。

前　言

编写单位和主要起草人

主 编 单 位：同济大学

参 编 单 位：浙江大学

上海建工（集团）股份有限公司

主要起草人：李晓军　朱合华

刘雨芃　汪　宇　彭芳乐

徐日庆　王美华

目　录

1 总　　则

1.0.1　为提高城市地下空间信息化管理水平，更好地推进城市地下空间信息化工作，并为城市地下空间信息化工作者提供借鉴和参考，制定本《指南》。

1.0.2　本《指南》适用于城市地下空间开发和利用过程中所涉及的地理数据、地质数据、岩土工程数据、地下管线数据、地下建(构)筑物数据的信息化管理。

1.0.3　本《指南》在兼顾技术成熟性的前提下，尽可能引入新技术与新方法并尽可能与国际相关标准接轨，保证技术先进性。

1.0.4　本《指南》包括城市地下空间信息化管理体系、城市地下空间信息化平台、城市地下空间基础资料信息化、城市地下空间数据标准和城市地下空间信息化应用五部分内容。

1.0.5　城市地下空间信息化除应符合本《指南》外，尚应符合国家现行有关标准的规定。

2 术 语

2.0.1 B/S

B/S(Browser/Server,浏览器/服务器模式)结构,是一种网络结构模式,浏览器是客户端最主要的应用软件。这种模式统一了客户端,将系统功能实现的核心部分集中到服务器上,简化了系统的开发、维护和使用。

2.0.2 C/S

C/S(Client/Server,客户机/服务器模式)结构,是软件系统体系结构,通过它可以充分利用两端硬件环境的优势,将任务合理分配到 Client 端和 Server 端来实现,降低系统的通讯开销。

2.0.3 GIS

GIS 是地理信息系统(Geographic Information System)的简称。

2.0.4 HTML

HTML 是超文本标记语言(Hypertext Markup Language)的简称。“超文本”就是指页面内可以包含图片、链接,甚至音乐、程序等非文字元素。

2.0.5 XML

XML 是可扩展标记语言(Extensible Markup Language)的简称,是一种用于标记电子文件使其具有结构性的标记语言。

2.0.6 BIM

BIM 是建筑信息模型(Building Information Modeling)的简称。

2.0.7 IFC

IFC 是工业基础类库(Industry Foundation Classes)的简称,是一种开放的、面向对象的用于 BIM 数据交换的格式。

2.0.8 CityGML

CityGML 是一种用于虚拟三维城市模型数据交换与存储的格式。

3　城市地下空间信息化管理体系

3.1　城市地下空间信息化目标

3.1.1　各城市应首先结合自身的地下空间利用现状和特点，制订相应的信息化目标，据此构建信息化管理体系。

3.1.2　大型城市应以整合现有子系统与建设综合管理平台、地下空间合理规划、保障地下工程建设安全、提高地下空间防灾与应急管理等为主要目标。

3.1.3　中型城市应以信息管理平台规划与分步实施、收集整理数据、数据库建设、地下空间规划、保障重点工程建设为主要目标。

3.1.4　小型城市应以积累数据、数据库建设为主要目标。

3.2 城市地下空间信息化管理模式

3.2.1 城市地下空间的数据内容广泛，涉及规划、建设、国土、勘察、测绘、地震、民防、水利、水务、矿产等许多部门，必须根据城市地下空间信息化的目标，建立有效的信息化管理模式和行政支撑体系，长期持续地推进城市地下空间信息化工作。

3.2.2 城市地下空间信息化管理体系的构建流程如图 3-1 所示。

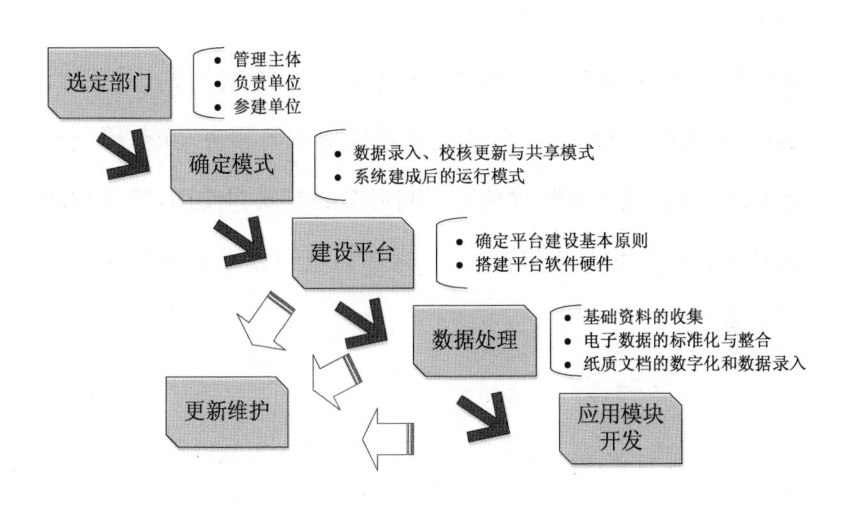

图 3-1 城市地下空间信息化管理体系的构建流程

3.2.3 应根据城市的实际情况，例如根据数字城市、城市工程地质数据库、地下管线信息系统、城市规划信息管理系统的建设经验和管理模式，确定城市地下空间信息化的管理主体、负责单位、参加建设单位。

3.2.4 由管理主体协调负责单位和各参建单位，确定数据录入、校核、更新与共享模式以及系统建成后的运行模式。

3.2.5 应确定城市地下空间信息化平台建设基本原则，选择有经验的单位主持或协助搭建信息化平台的硬件与软件。

3.2.6 开展基础资料的收集、电子数据的标准化与整合、纸质文档的数字化和数据录入等工作。

3.2.7 应结合城市地下空间规划、地下工程建设的实际需求或遇到的实际问题，开展地下空间信息化平台的应用模块研究开发。

3.2.8 系统建成后应立即转入数据维护与更新阶段，根据系统的运行情况，不断完善，并扩展系统的应用与服务功能，研究制定相关措施，规范与监管地下空间资源的开发和使用，减少和防止地下设施突发事件的发生，为提高城市应急处置和抗灾能力创造条件。

4 城市地下空间信息化平台

4.1 平台建设的基本原则

4.1.1 城市地下空间信息化平台的建设是一个渐进和不断完善的过程，应遵循分期分阶段建设原则、安全性原则、开放性原则、可扩展性原则和实用性原则。

4.1.2 分期分阶段建设原则：考虑到平台建设的工作量非常大，可按城市区域分阶段实施，或根据数据收集的先后顺序与处理过程将系统分阶段实施，还可以根据功能模块的需求与重要性分阶段实施。

4.1.3 安全性原则：采取有效的措施，保证设备安全、软件系统安全、网络安全和数据安全。

4.1.4 开放性原则：平台应采用模块化的设计，并采用成熟的数据标准、软件标准和文件格式，提供开放的数据接口、软件服务接口和文件接口,便于系统的升级和功能的扩充。

4.1.5 可扩展性原则:包括性能上的可扩展性和功能上的可扩展性两个方面。性能上,可在不修改软件的情况下,通过扩充主机、CPU、磁盘、内存等硬件,达到提高处理能力的目的;功能上,系统能够在不影响或很少影响原系统正常工作的条件下,开发或部署新的应用功能。

4.1.6 实用性原则:平台建设应与专业应用密切结合,搭建人员要充分理解专业应用需求和应用过程。

4.2 平台的组成

4.2.1 城市地下空间信息化平台一般由基础数据管理、业务管理(数据加工、分析与处理)和应用管理(专业应用、成果展现)三部分组成,如图 4-1 所示。基础数据管理层是利用数据库技术来实现城市地下空间的空间数据和属性数据的无缝整合,其目标是建立一个标准、规范、开放的数据库及数据访问接口。业务管理层提供对数据的访问、加工、分析和处理。业务管理层有 B/S 和 C/S 两种实现方式,B/S 实现方式最终以通用的 HTML 格式返给客户端,用户通过互联网就能够随时随地对工程数据进行录入、浏览、查询与分析。C/S 实现方式可以充分发挥本地计算机的计算能力和图形处理能力,但要求在本地安装客户端软件。B/S和C/S两种方式根据实际应用需求而确定，可以针对不同的需求提供不同的实现方式。应用管理层实现用户具体所关心的应用功能和服务。

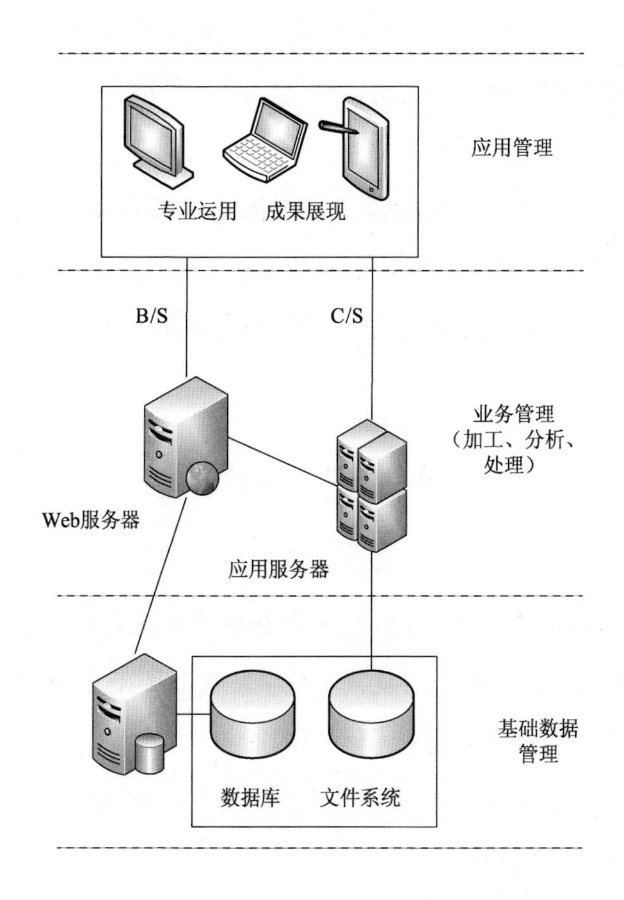

图4-1　城市地下空间信息化平台组成

4.2.2　基础数据管理：实现基础数据的录入、更新、维护、检索、共享、发布等功能，并能提供统一的数据输入输出文件接口与软件接口。

4.2.3　业务管理:实现数据资源整合,以较为通用的软件接口形式,提供地图服务、数据分层与叠加、可视化、空间分析等较为常用的 GIS 功能,以及三维地质建模、地下管线建模、地下建(构)筑物建模、剖切与切割、三维空间分析等地下空间开发利用所需的核心业务功能。

4.2.4　应用管理:实现成果的可视化展现、虚拟浏览,提供比较符合专业特点的应用功能模块,例如工程地质数据分析、地下空间规划分析、专题分析图表、辅助规划决策分析等。

4.3　平台的开发

4.3.1　城市地下空间信息化平台在软件开发上要充分考虑与现有的软件系统兼容,并能满足技术发展需要,在此基础上经充分比较确定,最终确定采用何种软件。

4.3.2　GIS 软件方面,可以考虑的国外软件有 ArcGIS、国内软件有 SuperMap 等。

4.3.3　数据库系统方面,由于远期系统数据量非常大,要协调处理好近期与中远期的关系,综合考虑系统最终用户数量,选择诸如 SQL Server 或 Oracle 等大型数据库软件。

5　城市地下空间基础资料信息化

5.1　城市地下空间基础资料的主要类型

5.1.1　城市地下空间开发利用涉及大量的基础资料，可分为基础地理数据、基础地质数据、地下管线数据和地下建(构)筑物数据四大类。

5.1.2　地下空间开发利用需要用到基础地理数据，包括测量控制点、水系、居民地及设施、交通、行政区域、地形(数字高程模型、数字正射影像)、地貌、植被与土质、地名、地籍等基本信息，有条件的城市还应包括城市三维模型数据。

5.1.3　城市地质数据主要包括地层数据、地质构造数据、水文地质数据、地震地质数据、环境地质数据、地质资源数据等，各城市可根据需要对基础地质数据集的子集进行增减。

5.1.4　城市地下管线主要包括给水、排水、燃气、热力、工业、电力、电信、综合管沟等八大类。地下管线的空间数据包括各类管线、管段、管件以及地面设施的空间位置和形状信息。地下管线的属性数据包括管线类别及特征、管线材质、连接关系、埋设年代、权属单位、作业单位、作业者、作业日期，还包括诸如电信电缆的孔数、电力线的电缆根数、电缆电压、电缆截面积以及煤气管的压力等信息。

5.1.5　地下建(构)筑物数据主要包括地下交通设施、地下市政设施、地下防灾设施、地下公共空间、各类建(构)筑物与工业厂房基础与地下室、民防工程、其他地下设施等七大类。

5.1.6　地下建(构)筑物数据的几何数据应正确地反映其空间位置，以大比例尺地形图为载体，使用轮廓线表示地下设施的平面位置、底部高程和顶部高程；对于空间形态较复杂的设施，还应提供特征部位的断面信息。地下空间设施数据的属性数据应包括分类编码、面积或长度、权属单位、建造时间等。

5.2　城市地下空间基础资料信息化流程

5.2.1　基础数据信息化基本流程是数据收集方案的制订、数据收集、数据电子化、数据入库与校核。

5.2.2　数据收集方案的制订：首先应对现有数据做一个大致的

了解，然后在此基础上制订较为合理的数据收集方案，其中应考虑涉及哪些部门、目前已有数据及其数据形式、数据量有多大等。

5.2.3 数据收集：这其中很重要的一点是如果一些关键性数据缺失或数据密度、数据精度等不能满足数据收集的要求，需要补充登记、勘察或测绘这些基础数据，这需要人力和物力的支撑，也是一项比较耗费时间、人力和物质资源的工作，在系统方案中必须给予考虑。

5.2.4 数据电子化：这其中的关键是采用何种数据标准对数据进行录入，或对现有电子数据进行转换，以及如何对一些纸质图形数据矢量化。

5.2.5 数据入库与校核：可在这个过程中形成若干临时库并进行阶段性校核，最后将临时库合并到最终数据库中并进行一次整体性校核。

5.2.6 在基础数据信息化过程中，需要注意数据采集时间、数据生产单位、参考坐标系等元数据①是非常重要的信息，必须随数据本身予以记录，便于系统投入使用后能追溯到原始数据，也是系统数据维护的重要依据。

---

① 元数据(Metadata)是描述数据的数据(data of data)，它说明了数据内容、质量、状况和其他有关特征的背景信息，通常包括：数据产生/采集的信息、数据质量信息、数据描述信息(单位、空间参照系、地理坐标系)、数据解释信息等。国际标准化组织 ISO/TC211 制订的地理信息元数据标准 ISO 19115 对于城市地下空间基础数据信息化具有重要的参考价值。

5.2.7　以地下管线为例，其信息化应从坐标基准选择、地下管线信息分类体系建立、数据格式转换和统一的编码实现几方面确立数据标准，进行基础管线数据收集整理，推动信息的共享和数据的推广利用。

5.2.8　对于大城市，基础资料相对齐全但数量大且种类多，基础资料信息化基础相对较好，但由于是不同部门负责管理，数据格式与数据类型差别巨大，主要工作应集中在数据标准化处理方面，同时应注重补充新数据。

5.2.9　对于中型城市，各部门信息化管理体系尚未系统形成，资料主要为纸质模式或电子文档，主要工作应集中在将现有基础资料按照数据标准录入信息化平台。

5.2.10　对于小城市，重点应放在勘察整理数据上，并且及时将其按照标准格式电子化。

6 城市地下空间数据标准

6.1 城市地下空间数据标准概况

6.1.1 地理信息、地质数据、岩土工程数据、地下管线数据、地下建(构)筑物数据构成了城市地下空间数据范围。在这些领域,国际上发布的标准对城市地下空间数据标准化有较高的借鉴意义,如表 6-1 所示。这些标准在各自领域的成熟度及在城市地下空间中应用的成熟性如图 6-1 所示。

表 6-1　　地下空间数据相关国际标准

数据类型	标准名称	发布部门	适用范围	在地下空间标准方面运用	
				可借鉴内容	评价
地理信息数据	ISO 191××系列标准	ISO[1]	地理信息与空间数据	空间坐标系定义、几何与拓扑数据的定义、属性数据的扩展、元数据框架等	由一系列标准组成,国际认可度高,地理信息专业性要求强

（续表）

数据类型	标准名称	发布部门	适用范围	在地下空间标准方面运用	
				可借鉴内容	评价
地理信息数据	GML[2] (ISO19136)	ISO[1]/OGC[3]	地理实体几何特征和属性特征表达	用XML语言描述地理空间数据的定义、存储和交换的方式	属于ISO 191××系列标准
	SDTS[4]	FGDC[5]	地理空间实体表达	包含了铁路、公路等交通相关空间数据标准	涉及地下空间数据面很窄
岩土工程数据	AGS[6]	AGS	工程地质、岩土工程、环境岩土工程的勘察与室内试验	工程地质、岩土工程的勘察与室内试验数据标准，监测数据标准	比较成熟且在欧洲、美国的岩土工程行业应用广泛
	DIGGS[7]	FHWA[8]	岩土工程与环境岩土工程	基于XML的岩土工程数据标准	相当于是AGS的XML版本
	GeotechML[9]	JTC2[10]	岩土工程	用XML表达岩土工程数据标准	覆盖的内容相对较少
基础设施数据	SDSFIE[11]	DISDI[12]	基础设施及其环境	包含交通相关的空间数据标准，并且可以与属性数据相关联	涉及的岩土工程对象较少，且很简单
建筑信息数据	IFC[13]	IAI[14]	建筑项目全周期	BIM官方推荐标准	均计划要覆盖城市地下空间，但以地理和空间数据为主要范畴，包含的属性数据极少
	CityGML[15]	OGC	构建三维城市模型	数字城市标准	

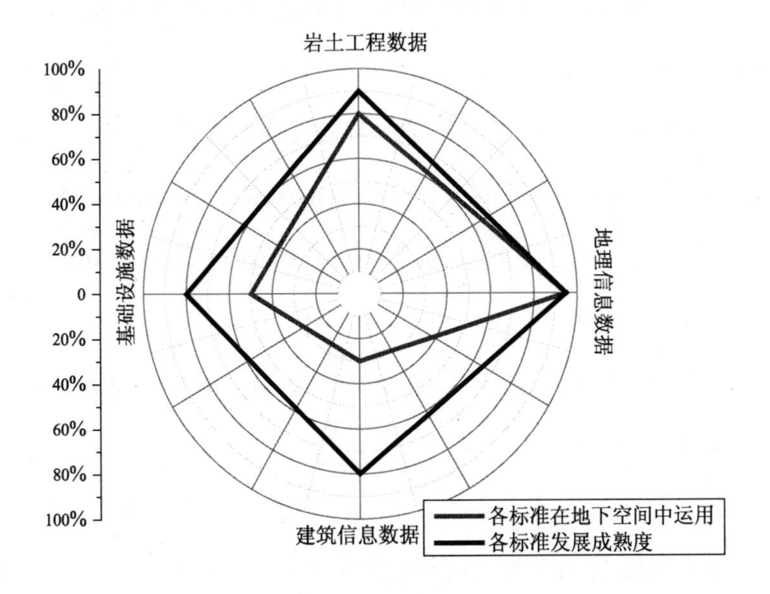

图 6-1 各领域标准在城市地下空间的适用性

表 6-1 中各字符的含义如下：

[1] ISO：国际标准化组织（International Organization for Standardization）。

[2] GML：地理标记语言（Geography Markup Language）。

[3] OGC：开放地理空间信息联盟（Open Geospatial Consortium）。

[4] SDTS：空间数据转换标准（Spatial Data Transfer Standard）。

[5] FGDC：美国联邦地理数据委员会（Federal Geodata Commission）。

6 AGS:英国岩土工程与环境岩土专家协会(Association of Geotechnical and Geoenvironmental Specialists)。

7 DIGGS:美国岩土与环境工程数据交换专家协会(Data Interchange for Geotechnical and Geoenvironmental Specialists)。

8 FHWA:美国联邦公路管理局(Federal Highway Administration)。

9 Geotech ML:岩土工程标记语言(Geotechnical Markup Language)。

10 JTC2:国际土力学与岩土工程学会、国际工程地质与环境协会和国际岩石力学学会联合技术委员会(Joint Technical Committee 2)。

11 SDSFIE:地理信息系统设施、基础结构和环境用空间数据标准(Spatial Data Standard for Facilities Infrastructure and Environment)。

12 DISDI:美国国防部空间信息基础设施建设办公室(Defense Installation Spatial Data Infrastructure)。

13 IFC:工业基础类库(Industry Foundation Classes)。

14 IAI:国际协作联盟(Industry Alliance for Interoperability)。

15 CityGML:城市地理标记语言(City Geography Markup Language)。

6.2 地理信息标准

6.2.1 地理信息数据标准主要包括数据交换标准、数据质量标准、数据说明文件，如图 6-2 所示。

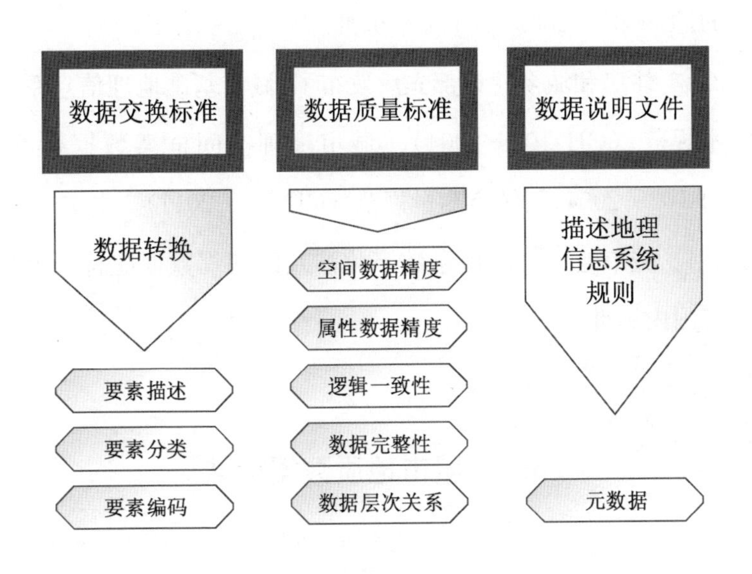

图 6-2 地理信息标准类型

6.2.2 国际上制订标准和规范的单位有国际标准化组织 TC211 专题组（ISO/TC211）、美国联邦地理数据委员会（FGDC）、欧洲标准化委员会（CEN/TC287）、美国 OpenGIS 协会（OGC）、欧洲地图事务组织（MEGRIN）、加拿大标准委员会（CGSD）、DIF 美国航天航空局（NASA）。1994 年，受国家标准化管理委员会委托，全国地理信息标准化技术委员会成立，国家测绘局负责领导和管理其工作。该委员会加入了ISO/TC211，负责衔接中国标准的制订与国际的标准制订。截至2013年底，已发布《地理信息分类系统》(GB/T 30322.1—2013)、《地理空间框架基本规定》(CH/T 9003—2009)、《地理信息公共平台基本规定》(CH/T 9004—2009)、《基础地理信息数据库基本规定》(CH/T 9005—2009)等112个标准。

6.2.3　住房和城乡建设部先后发布了《城市基础地理信息系统技术规范》(CJJ 100—2004)、《城市地理空间框架数据标准》(CJJ 103—2004)、《城市测量规范》(CJJ T8—2011)。

6.2.4　城市地下空间信息数字化涉及的地理数据应符合上述现有国内标准。

6.3　城市地质数据标准

6.3.1　城市地下空间信息化所需的地质数据主要有地层数据、地质构造数据、水文地质数据、地震地质数据、环境地质数据和地质资源数据，是地质数据的子集。

6.3.2　城市地质数据国际相关标准：美国联邦地理数据委员会(FGDC)发布《地质地图制图标准》(*FGDC Digital Cartographic Standard for Geologic Map Symbolization*)，该标准致力于

规范地质数据库的底层数据内容与图像表达。FGDC发布《地质数据模型》(*Geologic Data Model*)，该标准描述了地质地图信息的数据格式并提供数据可拓展性。澳大利亚政府首席地质学家的委员会(Australasian Chief Government Geologist's Committee)发布基于GML的地质数据传输标准GeoSciML，该标准覆盖地质单元、结构、稀土材料、钻孔、物理属性、地质样本分析等多种地质数据。

6.3.3 城市地质数据国内相关标准：地质矿产部、中国标准化与信息分类编码研究所发布国家标准《地质矿产术语分类代码》(GB/T 2649.32—2009)，该标准由宇宙地质学、水文地质学、工程地质学、环境地质等35个部分组成，是确定数据库标准体系和数据字典。中国地质调查局发布的《地质信息元数据标准》(DD 2006—05)和《数字地质图空间数据库》(DD 2006—06)，分别从不同角度完善了地质数据标准建设。《地质信息元数据标准》(DD 2006—05)采用UML与数据字典相结合的方法描述元数据的内容和结构，全面提供描述地质信息的标识、质量、内容、空间参照系、分发等信息。《数字地质图空间数据库》(DD 2006—06)规定了关于数字地质图数据(实体)、数据(实体)之间的联系以及有关语义约束规则的形式化描述规则，在其中实体定义上遵循《地质矿产术语分类代码》(GB/T 2649.32—2009)。

6.3.4 城市地下空间信息数字化涉及的地质数据应符合上述现有国内标准。

6.4 岩土工程数据标准

6.4.1 岩土工程国际数据标准:英国岩土工程与环境岩土专家协会(Association of Geotechnical and Geoenvironmental Specialists, AGS)在1992年提出了一种可以描述大多数岩土属性的电子数据传输文件标准AGS Format,涵盖了钻孔数据、地层数据、地质构造数据、水文数据、岩土室内试验、现场试验数据和监测数据等,在岩土工程上具有较高的覆盖度,自提出以来被多个国家采用,现已发展为AGS4。美国岩土工程现场试验计划(NGES)提供了岩土工程现场试验的数据集中存储和信息分发方案,美国军方工程水运试验研究所(WES)也制定了一套岩土工程电子数据格式传输标准。JTC2(Joint Technical Committee 2)提出了GeotechML(Geotechnical Markup Language),用于岩土工程数据的数字化。美国联邦公路管理局的DIGGS(Data Interchange for Geotechnical and Geoenvironmental Specialists)提供了基于XML的岩土工程数据交换标准,现已发展到DIGGS V2.0a版本,由于岩土工程数据标准仅为DIGGS的一部分,因而其对岩土试验数据的涵盖范围有限。

6.4.2 国内在岩土工程数据标准方面极少涉及,目前还没有较为统一的岩土电子数据标准。城市地下空间信息数字化涉及的岩土工程数据推荐采用英国岩土工程及环境岩土专家协会AGS制订的AGS标准。

6.5 地下管线数据标准

6.5.1 地下管线数据国际标准:美国开放管道数据标准协会(PODS Association)针对空间GIS领域制订了管道数据标准模型。ArcGIS管线数据模型协会(ArcGIS Pipeline Data Model)制订了管线地理数据库模板,强调系统的应用开发与不同用户间的数据传输。石油管道领域的国际标准对城市地下管线标准建设也有一定的借鉴作用。

6.5.2 地下管线数据国内标准:建设部发布的《城市地下管线探测技术规程》(CJJ 61—2003),统一了城市地下管线探查、测量、图件编绘和信息系统建设的技术要求。建设部发布的《城市工程管线综合规划规范》(GB 50289—1998)由总则、地下敷设和架空敷设三部分组成,定义了地下管线数字化的主要数据范围,对地下管线数据标准化工作有前瞻意义。一些城市根据以上国家规范,结合自身实际情况定制区域标准,例如苏州市信息化办公室联合苏州市规划局、江苏省苏州质量技术监督局发布《苏州市城市综合地下管线数据格式标准》(SZJCDL 2007—00002),旨在完整、系统地做好苏州市基础地理信息平台的建设工作，协调好管线普查、管线竣工测量工作与平台管线数据库之间的衔接关系，内容分为三部分：城市综合地下管线信息化中的基本规定、文件要求和数据结构。

6.5.3　城市地下空间信息数字化涉及的地下管线数据应符合上述现有国家标准。由于地下管线数据标准尚不完善，城市地下空间信息数字化过程中可参考上述国际标准和部分城市的地下管理线数据标准。

6.6　地下建(构)筑物数据标准化

6.6.1　地下建(构)筑物的信息化有行业性、局部性特征，即地下建(构)筑物信息化系统大多针对特定的工程或建(构)筑物而建立，其数据有鲜明的行业特点。以城市为单位的大范围整合性的地下建(构)筑物数据标准化尚处于起步阶段。

6.6.2　地下建(构)筑数据国际标准：美国国防部设备安装空间数据组织(DISDI)制订的 SDSFIE(Spatial Data Standard for Facilities, Infrastructure and Environment)中包含了交通相关的空间数据标准，可以与属性数据相关联，但属性数据较为简单。ESRI(the Environmental Systems Research Institute)制订了为 GIS 交通分析的数据标准，其中包括了简单的隧道对象描述，如

Tunnel，TunnelPoints 和 TunnelsHaveRoutes。上述标准涉及的地下建(构)筑物对象较少且很简单。

6.6.3 地上建筑物数据标准化相对成熟，值得地下建(构)筑物标准化借鉴和参考。国际数据互用联盟(IAI)提出建筑信息模型(BIM)领域的数据标准 IFC(Industry Foundation classes)，为建筑及其设备的信息共享建立一个普遍意义的基准。德国北莱茵河威斯特伐利亚区地理空间数据基础设施的三维特别工作组(SDI 3D)基于 XML 制订了用于描述三维数字城市的数据标准 CityGML。CityGML 数据标准覆盖城市地下空间的隧道基本对象，但以地理和空间数据为主要范畴，目前包含的属性数据极少。

6.6.4 地下建(构)筑物数据国内标准：国家质检总局联合国家标准化管理委员会发布了《城市地下空间设施分类与代码》(GB/T 28590—2012)，为城市地下空间设施数据的交换和共享服务而进行数据分类，并规定了城市地下空间设施信息的分类原则、编码方法与分类代码。地下空间信息标准化代码应与其一致，通过将具有共同属性特征的地下设施归并到一起，并用数字码、字符码或者数字字符码混编形成唯一标识。

6.6.5 城市地下空间信息数字化涉及的地下建(构)筑物数据应符合上述现有国家标准。由于地下建(构)筑物数据标准尚不完善，城市地下空间信息数字化过程中可参考上述国际标准。

6.6.6 附录 A 给出了盾构隧道建设与养护数字化标准，供地下建(构)筑物数据的标准化参考。

6.7 城市地下空间数据标准发展趋势

6.7.1 地理数据和地下空间的地质数据、岩土工程数据、地下管线数据均在各自的学科领域有相对成熟的标准,这些标准的一个重要发展趋势是拓展至城市地下空间,实现城市地上地下空间在几何和语义上的集成和统一,城市地下空间信息数字化应及时吸纳和消化最新的成果。

6.7.2 对城市地下空间的描述应采用结构化数据。结构化数据是指可以存储在固定域中的数据。结构化数据可以很方便地用二维表(如 Excel 表单、Access 数据表)来表达,可以得到高效的利用。办公文档、全文文本、图片、各类报表、图像和音频/视频等,都不是结构化的数据。

6.7.3 城市地下空间数据标准可借鉴 GML, CityGML 的经验,结合城市地下空间实际情况展开,进行地表、地层和地下建筑物的描述以及工程全寿命数据的采集储存和分析处理。具体表现为:采用 Excel 电子表格采集数据,采用关系数据库存储数据,采用 XML 格式共享数据。

6.7.4 重视城市地下空间元数据的收集和标准化。元数据是描述数据的数据,是对数据及信息资源的描述性信息。地下空间信息化中，元数据组成了信息系统数据库的基本构架——数据库电子目录，即为了达到编制目录的目的，必须描述数据内容和特点，记录数据存储位置、历史数据、资源查找、文件记录的渠道等，从而便于城市地下空间海量数据存储、索引、分区索引等。定义元数据标准即制定统一的数据库基本构架，可以方便管理员有效管理和维护基本数据，同时促进更加快捷全面地发现、访问、获取和使用共享数据。城市地下空间元数据按照从产生记录到交换运用的时间性特点可分为数据产生（采集）信息、数据质量信息、数据描述信息、数据解释信息等。

6.7.5 重视原始数据和全过程数据标准化。原始数据指通过勘探、实验等技术手段直接得到的数据。结果数据是采用一定的方法对原始数据进行分析得到的数据，是导出数据。对于同一个原始数据，不同的人、不同的方法可能会得到不同的结果数据。显而易见，在城市地下空间数据共享过程中，原始数据比结果数据可信度更高。全过程数据即记录工程活动整个活动过程的数据。以岩土土工试验数据为例，全过程数据包括试样或地点数据、试验设备、试验方法和过程、分析方法与结果，如图 6-3 所示。原始数据、全过程数据的记录和相关标准的制定给检查结果数据、数据有效再利用提供了条件，可以在很大程度上避免数据造假，使地下空间信息化平台的数据可以在审核后直接运用，减少重复试验、测量和勘探的过程。

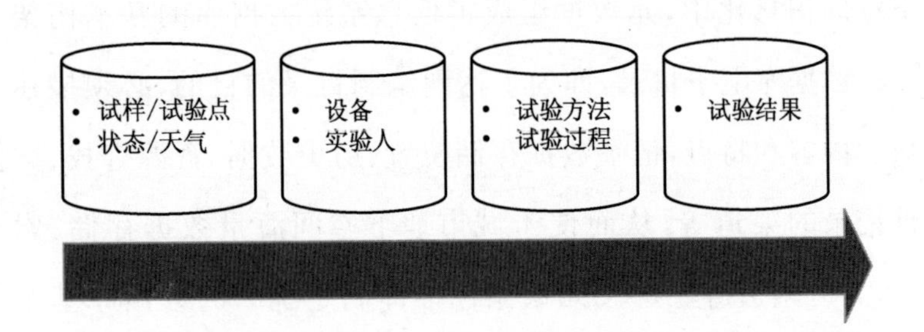

图 6-3　土工试验全过程数据

7 城市地下空间信息化应用

7.1 城市地下空间规划应用

在城市地下空间规划方面的应用包括：提供所需的区域地质信息（如区域地质构造背景、基岩剖面等），工程地质信息（如工程地质剖面图、工程建设适宜性、地基土分区、地基承载力等），水文地质信息（如承压水分区、承压水厚度、地下水质量等），环境地质信息（如地面沉降、环境污染等），以及地下空间开发利用方面的专业分析（如地下空间开发利用适宜性、潜在价值、总体质量、开发利用量计算等），并能够通过制订管理措施来规范、监管地下空间资源的开发和使用。

7.2 城市地下工程建设应用

在城市地下工程建设方面应用包括提供工程建设所需的基

本数据(如地面建筑物分布、地下管线分布等)、工程地质情况(如钻孔信息、地质剖面、不良地质现象、地基承载力等)、水文地质情况(如承压水状况等)、地下工程建设的难度与可能风险、地下工程建设对周边环境的影响(如对周边管线、周边建筑物的沉降影响等)以及地下工程建设施工力学分析等。图 7-1 给出了城市地下空间信息化平台在隧道建设安全管理中的一个应用示例,该平台集成了城市基础地理数据、地上建筑物三维模型、工程地质信息、地下建(构)筑物信息。当新建一条隧道时,利用该平台能够实现地上地下的三维可视化,分析隧道沿线的地质剖面、与地下重要建(筑)物的穿越关系,并能管理隧道施工过程中的监测数据,实现隧道施工过程的安全管理。

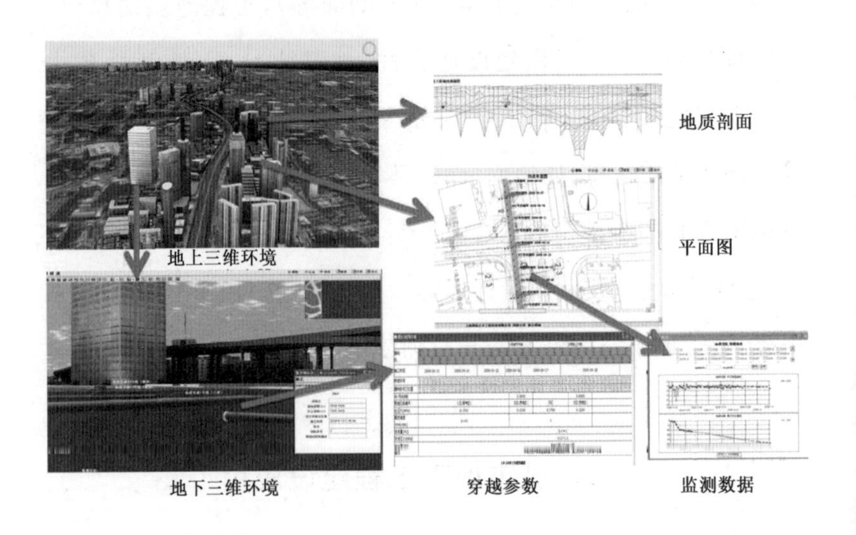

图 7-1 城市地下空间信息化平台在隧道建设安全管理中的应用示例

7.3 城市地下空间安全与防灾应用

城市地下空间安全与防灾方面应用包括以三维可视化、虚拟浏览等方式，直观地展示城市地面情况、地下空间的地质条件、地下管线、地下建(构)筑物，使城市地下空间以透明的方式展示出来。在此基础上，将地下空间的安全与防灾信息，如建设中工程的施工安全监控信息，地下空间视频安全监控，地下空间以防灾信息(如火灾、水灾、地震等)通过远程数据传输、计算机网络等手段集成到信息化平台当中来，为减少和防止地下工程施工突发事故，提高城市应急处置和抗灾能力创造条件。

7.4 城市地下空间信息化应用成果发布流程

城市地下空间信息化应用成果发布流程如图 7-2 所示。首先由数据管理人员录入所需的数据，然后由工程技术人员分析数据、得到结果并提交给审核人员，成果审核通过后就可以在平台上发布，供规划和管理人员决策使用。

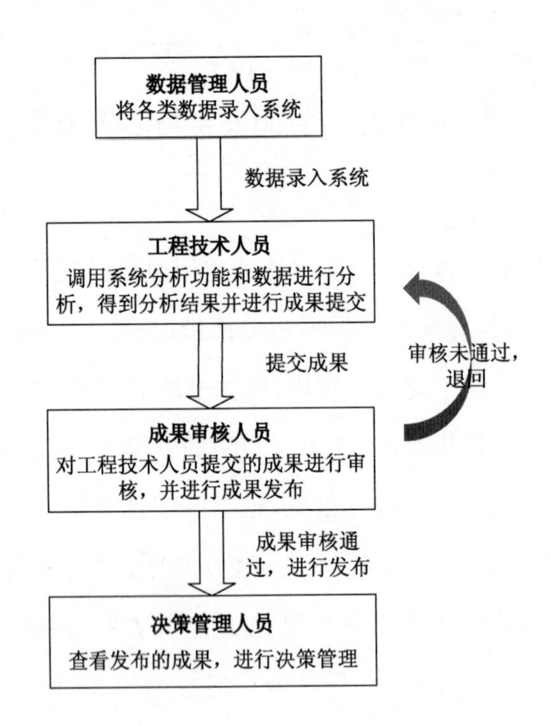

图7-2　城市地下空间信息化应用成果发布流程

附录A　盾构隧道建设与养护数字化标准

A.1　范围

本标准以上海长江隧道为例，规定了盾构隧道建设与养护信息的分类原则、编码方法与分类代码。

本标准可供盾构隧道数据的采集、交换和共享参考，实际使用过程中应根据盾构隧道的施工方法和结构形式适当修正。

A.2　规范性引用文件

下列文件中的条款通过本标准的引用而成为本标准的条款。凡是注日期的引用文件，其随后所有的修改单(不包括勘误的内容)或修订版均不适用于本标准,然而,鼓励根据本标准达成协议的各方研究是否可使用这些文件的最新版本。凡是不注日期的引用文件,其最新版本适用于本标准。

GB/T 13923—2006 基础地理信息要素分类与代码

GB/T 17694—2009 地理信息技术基本术语

GB/T 21010—2007 土地利用现状分类

CJJ 61—2003 城市地下管线探测技术规程

A.3 分段及定义

A.3.1 园隧道段

在两工作井间采用盾构掘进机开挖所形成的隧道段。

A.3.2 联络通道

双线平行隧道中连接两条隧道并用来在两隧道间进行相互的人员或车辆疏导的通道。

A.3.3 工作井

盾构隧道施工前开挖的用来将盾构掘进机安置到指定深度并方便进行施工前准备工作的深基坑。

A.3.4 暗埋段

以混凝土或钢架系统作为支护深埋于地下的隧道段。

A.3.5　敞开段

以混凝土或钢架系统作为支护的暴露于地面的隧道段。

A.3.6　接线段

地面交通干道与盾构隧道之间的连接区段。

A.4　分类原则

A.4.1 分类对象

本标准按照盾构隧道相关数据的来源及用途对各个区段进行分类，包括地质勘查资料、结构设计信息、结构施工进度信息、监测数据、质量数据和其他数据等各类数据类型，实现盾构隧道从勘查设计到施工建设再到隧道运营养护的全生命周期数字化数据化。

A.4.2　分类依据

盾构隧道的数据分类以其来源及描述对象的不同功能内容作为分类依据。

A.4.3　分类方法

盾构隧道的数据分类采用线分类法。

A.5 编码方法

本标准中设施命名规则和相对排列顺序参考 GB/T 13923—2006《基础地理信息要素分类与代码》、GB/T 21010—2007《土地利用现状分类》以及 CJJ 61—2003《城市地下管线探测技术规程》。

A.5.1 代码结构

盾构隧道的数据代码为层次码结构，由四层、十一位数字或字母组成，代码结构如图 A.5.1 所示。其中，第一层为“区段代码”，用于标识数据来源的所属区段；第二层为“实体与子实体代码”，实体是对上位类“区段代码”的细分，子实体用于标识地下空间设施中最小的分类单元；第三层为“功能代码”，用于标识“实体代码”数据全生命周期的各个过程；第四层为“内容代码”，用于在生命周期的不同阶段对“实体代码”进行描述。

A.5.2 区段代码

区段代码可由数字或字母组成，按照一定的规则排列。如用于标识“圆隧道段”代码为 011，具体区段分类与代码如表 A-1、图 A-1 所示。

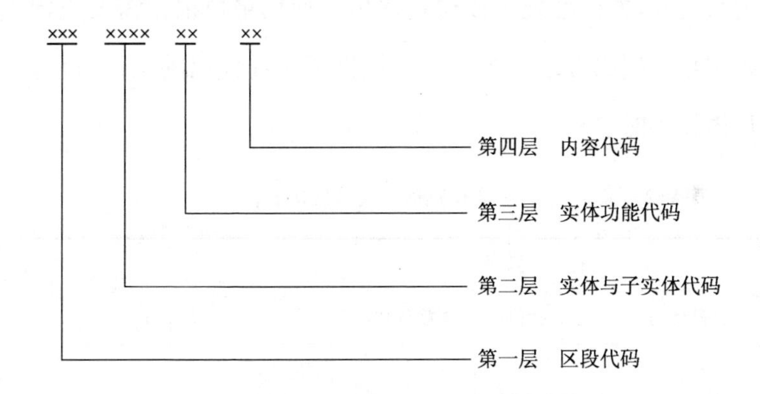

图 A-1　盾构隧道数据信息代码结构示意图

表 A-1　　区段代码表

代码	类别	说明
011	圆隧道段	代码中末位数字表示区段的序号，其作用是当同一工程中相同的区段出现两次或两次以上时对相同区段排序加以区分
021	联络通道	
031	工作井	
041	暗埋段	
051	敞开段	
061	接线段	

A.5.3　实体代码

实体代码由数字或字母组成，按照一定的规则排列，具体分类与代码见表 A-2。

A.5.4　子实体代码

鉴于行业或单位对子实体最小分类单元的划分方法和使用

现状迥异，本标准规定该层代码由各使用单位根据需要设定代码位数和编码方法。A.5.6 节提供了实体代码的编码方法，供具体编码时参考。

表 A-2　　　　盾构隧道的实体代码表

代码			名称	说明
区段代码	实体代码	子实体代码		
011			圆隧道段	其他各区段的实体、子实体代码按此规则进行编码
	011 01		盾构机	
	011 02		衬砌环	
	011 03		同步结构	
		01103 01	口型构件	
		01103 02	车道板	
		01103 03	牛腿	
		01103 04	压重块	
		01103 05	烟道板	
	011 04		江中泵房	
	011 05		逃生楼梯	
	011 06		设备	
	011 07		预埋管线	
021			联络通道	
031			工作井	
041			暗埋段	
051			敞开段	
061			接线段	

A.5.5　实体功能代码

实体功能代码由数字或字母组成，从包括设计、制作、施工、检测、病害和养护六个阶段在内的全生命周期过程，对盾构隧道的实体功能进行描述，具体分类与代码见表 A-3。

表 A-3　　　盾构隧道的实体功能代码表

代码				名称	说明
区段代码	实体代码	子实体代码	实体功能代码		
011				圆隧道段	
	011 01	01101 01		盾构机	
	011 02	01102 01		衬砌环	
	011 03			同步结构	
		01103 01		口型构件	
			0110301 01	设计	
			0110301 02	制作	其他各子实体代码都按规则从全生命周期的六个阶段进行描述
			0110301 03	施工	
			0110301 04	检测	
			0110301 05	病害	
			0110301 06	养护	
		01103 02		车道板	
				…	
		01103 03		牛腿	

（续表）

代码				名称	说明
区段代码	实体代码	子实体代码	实体功能代码		
				…	其他各子实体代码都按规则从全生命周期的六个阶段进行描述
		01103 04		压重块	
				…	
		01103 05		烟道板	
				…	
	011 04			江中泵房	
	011 05			逃生楼梯	
	011 06			设备	
	011 07			预埋管线	
021				联络通道	
031				工作井	
041				暗埋段	
051				敞开段	
061				接线段	

A. 5. 6　功能内容代码

功能内容代码由数字或字母组成。用于标识盾构隧道功能内容单元，具体分类与代码见表 A-4。

表 A-4　　盾构隧道功能内容代码表

代码					名称	说明
区段代码	实体与子实体代码		功能代码	功能内容代码		
	实体代码	子实体代码				
011					圆隧道段	其他各功能内容代码按此规则进行编码如下
	011 01				盾构机	
				011010101 01	推进	
				011010101 02	姿态	
	011 02				衬砌环	
	011 03				同步结构	
		01103 01			口型构件	
			0110301 01		设计	
				011030101 01	设计排版	
				011030101 02	结构设计	
					制作	
			0110301 02		施工	
				011030103 01	口型构件施工进度	
			0110301 03	011030103 02		
				011030103 03	口型构件姿态	
					口型构件施工质量	

（续表）

代码					名称	说明
区段代码	实体与子实体代码		功能代码	功能内容代码		
	实体代码	子实体代码				
					检测	其他各功能内容代码按此规则进行编码如下
		01103 02	0110301 04		病害	
					养护	
		01103 03	0110301 05		车道板	
					…	
		01103 04	0110301 06		牛腿	
					…	
		01103 05			压重块	
					…	
	011 04				烟道板	
	011 05				…	
	011 06				江中泵房	
	011 07				逃生楼梯	
021					设备	
					预埋管线	
					联络通道	
031					…	

（续表）

代码					名称	说明
区段代码	实体与子实体代码		功能代码	功能内容代码		
	实体代码	子实体代码				
					工作井	其他各功能内容代码按此规则进行编码如下
041					…	
					暗埋段	
051			0410101 01		…	
					敞开段	
061			0410101 02		…	
					接线段	
					…	

功能内容代码列表(表 A-5—表 A-19)：

1. 圆隧道段

011 01 盾构机

表 A-5 盾构机功能内容代码表

代码		名称
子实体代码	功能内容代码	
01101 01		盾构机：
	011010101 01	推进
	011010101 02	姿态

011 02 衬砌环

表 A-6 衬砌环功能内容代码表

代码		名称
功能代码	功能内容代码	
0110201 01		衬砌环设计：
	011020101 01	设计排版
	011020101 02	结构设计
0110201 02		衬砌环制作
0110201 03		衬砌环施工：
	011020103 01	进度
	011020103 02	姿态
	011020103 03	实测
	011020103 04	质量
0110201 04		衬砌环检测：
	011020104 01	渗漏水
	011020104 02	缺损
	011020104 03	接缝张开
	011020104 04	错台错缝
	011020104 05	裂缝
	011020104 06	锈蚀
0110201 05		衬砌环病害：
	011020105 01	渗漏水

（续表）

代　　码		名　　称
功能代码	功能内容代码	
	011020105 02	缺损
	011020105 03	接缝张开
	011020105 04	错台错缝
	011020105 05	裂缝
	011020105 06	锈蚀
0110201 06		衬砌环养护：
	011020106 01	检测
	011020106 02	结构病害

011 03　同步结构

01103 01　口型构件

表 A-7　　口型构件功能内容代码表

代　　码		名　　称
功能代码	功能内容代码	
0110301 01		口型构件设计：
	011030101 01	设计排版
	011030101 02	结构设计
0110301 02		口型构件制作
0110301 03		口型构件施工：
	011030103 01	进度

（续表）

代码		名称
功能代码	功能内容代码	
	011030103 02	姿态
	011030103 03	质量
0110301 04		口型构件检测
0110301 05		口型构件病害
0110301 06		口型构件养护

01103 02 车道板

表 A-8 车道板功能内容代码表

代码		名称
功能代码	功能内容代码	
0110302 01		车道板设计：
	011030201 01	设计排版
	011030201 02	结构设计
0110302 02		车道板制作
0110302 03		车道板施工：
	011030203 01	进度
	011030203 02	姿态
	011030203 03	实测
	011030203 04	质量
0110302 04		车道板检测
0110302 05		车道板病害
0110302 06		车道板养护

01103 03 牛腿

表 A-9 牛腿功能内容代码表

代码		名称
功能代码	功能内容代码	
0110303 01		牛腿设计：
	011030301 01	设计排版
	011030301 02	结构设计
0110303 02		牛腿制作
0110303 03		牛腿施工：
	011030303 01	进度
	011030303 02	姿态
	011030303 03	实测
	011030303 04	质量
0110303 04		牛腿检测
0110303 05		牛腿病害
0110303 06		牛腿养护

01103 04 压重块

表 A-10 压重块功能内容代码表

代码		名称
功能代码	功能内容代码	
0110304 01		压重块设计：
	011030401 01	结构设计
0110304 02		压重块制作
0110304 03		压重块施工：

（续表）

代码		名称
功能代码	功能内容代码	
	011030403 01	进度
	011030403 02	质量
0110304 04		压重块检测
0110304 05		压重块病害
0110304 06		压重块养护

01103 05 烟道板

表 A-11 烟道板功能内容代码表

代码		名称
功能代码	功能内容代码	
0110305 01		烟道板设计：
	011030501 01	结构设计
0110305 02		烟道板制作
0110305 03		烟道板施工：
	011030503 01	进度
	011030503 02	质量
0110305 04		烟道板检测
0110305 05		烟道板病害
0110305 06		烟道板养护

011 04 江中泵房

表 A-12　　江中泵房功能内容代码表

代码		名称
功能代码	功能内容代码	
0110401 01		江中泵房设计：
	011040101 01	设计排版
	011040101 02	结构设计
0110401 02		江中泵房制作
0110401 03		江中泵房施工：
	011040103 01	进度
0110401 04		江中泵房检测
0110401 05		江中泵房病害
0110401 06		江中泵房养护

011 05 逃生楼梯

表 A-13　　逃生楼梯功能内容代码表

代码		名称
功能代码	功能内容代码	
0110501 01		逃生楼梯设计：
	011050101 01	设计排版
	011050101 02	结构设计
0110501 02		逃生楼梯制作
0110501 03		逃生楼梯施工：
	011050103 01	进度

（续表）

代码		名称
功能代码	功能内容代码	
	011050103 02	质量
0110501 04		逃生楼梯检测
0110501 05		逃生楼梯病害
0110501 06		逃生楼梯养护

011 06 设备

表 A-14　　　　设备功能内容代码表

代码		名称
功能代码	功能内容代码	
0110601 01		设备设计：
	011060101 01	设计排版
	011060101 02	结构设计
0110601 02		设备制作
0110601 03		设备施工：
	011060103 01	进度
0110601 04		设备检测
0110601 05		设备病害
0110601 06		设备养护

011 07 预埋管线

表 A-15 预埋管线功能内容代码表

代码		名称
功能代码	功能内容代码	
0110701 01		预埋管线设计：
	011070101 01	设计排版
	011070101 02	结构设计
0110701 02		预埋管线制作
0110701 03		预埋管线施工：
	011070103 01	进度
	011070103 02	质量
0110701 04		预埋管线检测
0110701 05		预埋管线病害
0110701 06		预埋管线养护

2. 联络通道段

表 A-16 联络通道段代码表

代码		名称
功能代码	功能内容代码	
0210101 01		联络通道设计：
	021010101 01	设计排版
	021010101 02	图纸
0210101 02		联络通道施工：
	021010102 01	进度

3. 工作井

表 A-17 工作井代码表

代码		名称
功能代码	功能内容代码	
0310101 01		工作井设计：
	031010101 01	设计排版

4. 暗埋段

表 A-18 暗埋段代码表

代码		名称
功能代码	功能内容代码	
0410101 01		暗埋段设计：
	041010101 01	设计排版
0410101 02		暗埋段施工：
	041010102 01	进度

5. 敞开段

表 A-19 敞开段代码表

代码		名称
功能代码	功能内容代码	
0510101 01		敞开段设计：
	051010101 01	设计排版
0510101 02		敞开段施工：
	051010102 01	进度

A.6 功能内容元数据

1. 圆隧道段

01101 盾构机

(1) 盾构机推进(表 A-20)

表 A-20 盾构机推进元数据表

功能内容	功能内容元数据内容	元数据说明
推进	类型名	
	数据采集点数	
	当班工程师	
	情况描述	
	日期	
	推进开始时间	
	推进结束时间	
	开挖持续时间	
	开挖中断时间	
	开挖等待时间	
	拼装持续时间	
	拼装中断时间	
	开挖偏差/m^3	
	推进速度/(mm/min)	

（续表）

功能内容	功能内容元数据内容	元数据说明
	刀盘转速/rpm	
	电流/A	
	总推力/t	
	车架牵引力/t	
	气泡压力/bar	
	刀盘贯入度/(mm/rnd)	
	绝对偏差 Y/mm	
	绝对偏差 X/mm	
	盾构前部转角/°	
	注浆总量/L	
	前腔压力/bar	
	泥水液位/m	
	进泥流量/($m^3 \cdot h^{-1}$)	
	排泥流量/($m^3 \cdot h^{-1}$)	
	进泥密度/($kg \cdot m^{-3}$)	
	里程/m	
	推进开始行程/cm	
	推进结束行程/cm	
	倾角/°	
	转角/°	
	前部方位角/°	
	1# 注浆泵注浆量/L	

（续表）

功能内容	功能内容元数据内容	元数据说明
	2# 注浆泵注浆量/L	
	3# 注浆泵注浆量/L	
	4# 注浆泵注浆量/L	
	5# 注浆泵注浆量/L	
	6# 注浆泵注浆量/L	
	1# 注浆泵注浆压力/bar	
	2# 注浆泵注浆压力/bar	
	3# 注浆泵注浆压力/bar	
	4# 注浆泵注浆压力/bar	
	5# 注浆泵注浆压力/bar	
	6# 注浆泵注浆压力/bar	
	注浆泵注浆总量/m^3	
	开始时前部水平偏差/mm	
	开始时前部高程偏差/mm	
	结束时前部水平偏差/mm	
	结束时前部高程偏差/mm	
	开始时尾部水平偏差/mm	
	开始时尾部高程偏差/mm	
	结束时后部水平偏差/mm	
	结束时后部高程偏差/mm	
	盾尾油脂压注总量/kg	
	前腔盾尾油脂压注量/kg	

（续表）

功能内容	功能内容元数据内容	元数据说明
	中腔盾尾油脂压注量/kg	
	后腔盾尾油脂压注量/kg	
	封顶快位置	
	线路序号	

（2）盾构机姿态（表 A-21）

表 A-21　　盾构机姿态元数据表

功能内容	功能内容元数据内容	元数据说明
姿态	类型名	
	切口平面偏差	
	切口高程偏差	
	盾尾平面偏差	
	盾尾高程偏差	
	盾构坡度	
	盾构转角/°	
	盾构日期	
	上传者	
	上传日期	
	备注	

01102　衬砌环

（1）衬砌环设计（表 A-22—表 A-24）

表 A-22 衬砌环设计排版元数据表

功能内容	功能内容元数据内容	元数据说明
设计排版	类型名	
	名称	
	起始里程/m	
	终止里程/m	
	备注	

表 A-23 衬砌环结构设计元数据表

功能内容	功能内容元数据内容	元数据说明
结构设计	类型名	
	名称	
	管片形式	
	管片块数	
	楔形量	
	管片厚度/m	
	管片宽度/m	
	备注	

表 A-24 衬砌环设计变更元数据表

功能内容	功能内容元数据内容	元数据说明
设计变更	类型名	
	名称	
	管片形式	

（续表）

功能内容	功能内容元数据内容	元数据说明
	管片块数	
	楔形量	
	管片厚度/m	
	管片宽度/m	
	备注	

（2）衬砌环施工（表 A-25—表 A-28）

表 A-25　　衬砌环进度元数据表

功能内容	功能内容元数据内容	元数据说明
进度	衬砌环名称	衬砌环环号
	类型名	
	名称	衬砌环具体名称
	起始里程	保留四位小数
	终止里程	保留四位小数
	管片拼装定位角/°	
	施工时间	日期和时刻
	数据状态	
	更新时间	日期和时刻
	计算人员	
	检查人员	
	测量人员	

表 A-26　　衬砌环姿态元数据表

功能内容	功能内容元数据内容	元数据说明
姿态	类型名	
	管片平面偏差	
	管片高程偏差	
	管片间隙上	
	管片间隙下	
	管片间隙左	
	管片间隙右	
	管片间隙 1	
	管片间隙 2	
	管片间隙 3	
	管片间隙 4	
	管片间隙 5	
	管片间隙 6	
	管片间隙 7	
	管片间隙 8	
	横径/m	
	竖径	
	左上	
	左下	
	右上	
	右下	

（续表）

功能内容	功能内容元数据内容	元数据说明
	1处直径/m	
	2处直径/m	
	管片变形	
	变形量	
	管片日期	
	上传者	
	上传日期	
	备注	

表 A-27　　衬砌环实测元数据表

功能内容	功能内容元数据内容	元数据说明
实测	类型名	
	起始里程	
	终止里程	
	横径	
	竖径	
	管片拼装定位角	
	施工时间	
	数据状态	
	更新时间	
	录入人员	
	校核人员	
	备注	

表 A-28　　衬砌环质量元数据表

功能内容	功能内容元数据内容	元数据说明
质量	类型名	
	施工质量描述	
	检查时间	
	处置措施	
	处置时间	
	备注	

(3) 衬砌环检测(表 A-29—表 A-34)

表 A-29　　渗漏水检测元数据表

功能内容	功能内容元数据内容	元数据说明
渗漏水	线路	
	实际环号	
	桩号里程/m	
	所在块	
	起始环向角度/°	
	终止环向角度/°	
	尺寸	
	基本形状	
	检查时间	
	是否影响设备	
	影响描述	

表 A-30　　缺损检测元数据表

功能内容	功能内容元数据内容	元数据说明
缺损	线路	
	实际环号	
	桩号里程/m	
	所在块	
	起始环向角度/°	
	终止环向角度/°	
	剥落剥离长度/mm	
	剥落剥离宽度/mm	
	剥落剥离深度/mm	
	剥落块体面积/mm^2	
	剥落形状	
	检查时间	

表 A-31　　接缝张开检测元数据表

功能内容	功能内容元数据内容	元数据说明
接缝张开	线路	
	实际环号	
	桩号里程/m	
	所在块	
	邻接环 1	
	邻接环 2	
	接缝张开量	
	检查时间	

表 A-32　　错台错缝检测元数据表

功能内容	功能内容元数据内容	元数据说明
错台错缝	线路	
	实际环号	
	桩号里程/m	
	所在块	
	邻接环 1	
	邻接环 2	
	错台量/mm	
	检查时间	

表 A-33　　裂缝检测元数据表

功能内容	功能内容元数据内容	元数据说明
裂缝	线路	
	实际环号	
	桩号里程/m	
	所在块	
	中心点环向角度/°	
	裂缝倾角/°	
	裂缝长度/mm	
	裂缝宽度/mm	
	裂缝形态	
	检查时间	

表 A-34　钢筋锈蚀检测元数据表

功能内容	功能内容元数据内容	元数据说明
钢筋锈蚀	线路	
	实际环号	
	桩号里程/m	
	所在块	
	起始环向角度/°	
	终止环向角度/°	
	锈蚀面积/mm^2	
	锈蚀形状	
	检查时间	

(4) 衬砌环病害(表 A-35—表 A-40)

表 A-35　渗漏水元数据表

功能内容	功能内容元数据内容	元数据说明
渗漏水	线路	
	病害名称	
	病害分类	
	实际环号	
	桩号里程/m	
	所在块	
	起始环向角度/°	
	终止环向角度/°	

（续表）

功能内容	功能内容元数据内容	元数据说明
	尺寸	
	基本形状	
	是否处理	
	检查时间	
	是否影响设备	
	影响描述	
	病害描述	

表 A-36　　缺损元数据表

功能内容	功能内容元数据内容	元数据说明
缺损	线路	
	病害名称	
	病害分类	
	实际环号	
	桩号里程/m	
	所在块	
	起始环向角度/°	
	终止环向角度/°	
	剥落剥离长度/mm	
	剥落剥离宽度/mm	
	剥落剥离深度/mm	

（续表）

功能内容	功能内容元数据内容	元数据说明
	剥落块体面积/mm^2	
	剥落形状	
	是否处理	
	检查时间	
	病害描述	

表 A-37　　　　接缝张开元数据表

功能内容	功能内容元数据内容	元数据说明
接缝张开	线路	
	病害名称	
	病害分类	
	实际环号	
	桩号里程/m	
	所在块	
	邻接环 1	
	邻接环 2	
	接缝张开量	
	是否处理	
	检查时间	
	病害描述	

表 A-38　　错台错缝元数据表

功能内容	功能内容元数据内容	元数据说明
错台错缝	线路	
	病害名称	
	类型名	
	病害分类	
	实际环号	
	桩号里程/m	
	所在块	
	邻接环 1	
	邻接环 2	
	错台量/mm	
	是否处理	
	检查时间	
	病害描述	

表 A-39　　裂缝元数据表

功能内容	功能内容元数据内容	元数据说明
裂缝	线路	
	病害名称	
	病害分类	
	实际环号	
	桩号里程/m	

（续表）

功能内容	功能内容元数据内容	元数据说明
	所在块	
	中心点环向角度/°	
	裂缝倾角/°	
	裂缝长度/mm	
	裂缝宽度/mm	
	裂缝形态	
	是否处理	
	检查时间	
	病害描述	

表 A-40　　　　钢筋锈蚀元数据表

功能内容	功能内容元数据内容	元数据说明
钢筋锈蚀	线路	
	病害名称	
	病害分类	
	实际环号	
	桩号里程/m	
	所在块	
	起始环向角度/°	
	终止环向角度/°	
	锈蚀面积/mm^2	

（续表）

功能内容	功能内容元数据内容	元数据说明
	锈蚀形状	
	是否处理	
	检查时间	
	病害描述	

01103　同步构件

0110301　口型构件

(1) 口型构件设计(表 A-41、表 A-42)

表 A-41　　设计排版元数据表

功能内容	功能内容元数据内容	元数据说明
设计排版	类型名	
	名称	
	起始里程/m	
	终止里程/m	
	备注	

表 A-42　　结构设计元数据表

功能内容	功能内容元数据内容	元数据说明
结构设计	类型名	
	名称	
	备注	

(2) 口型构件施工(表 A-43—表 A-45)

表 A-43　　进度元数据表

功能内容	功能内容元数据内容	元数据说明
进度	类型名	
	名称	
	起始里程/m	
	终止里程/m	
	施工时间	
	数据状态	
	更新时间	
	备注	
	线路序号	
	编号	

表 A-44　　姿态元数据表

功能内容	功能内容元数据内容	元数据说明
姿态	类型名	
	平面偏差/mm	
	高程偏差/mm	
	备注	

表 A-45　　质量元数据表

功能内容	功能内容元数据内容	元数据说明
质量	类型名	
	平面偏差(mm)	
	高程偏差(mm)	
	备注	

0110302　车道板元数据表

(1) 车道板设计(表 A-46)

表 A-46　　结构设计元数据表

功能内容	功能内容元数据内容	元数据说明
结构设计	类型名	
	混凝土强度	
	钢筋强度	
	备注	

(2) 车道板施工(表 A-47—表 A-50)

表 A-47　　进度元数据表

功能内容	功能内容元数据内容	元数据说明
进度	类型名	
	起始里程/m	
	终止里程/m	

（续表）

功能内容	功能内容元数据内容	元数据说明
	长度	
	施工时间	
	数据状态	
	更新时间	
	备注	
	线路序号	
	编号	

表 A-48　　道路结构实测元数据表

功能内容	功能内容元数据内容	元数据说明
道路结构实测	类型名	
	实际里程/m	
	次里程环号	
	左侧顶面标高	
	设计路中	
	路中顶面标高	
	偏值	
	右侧顶面标高/m	
	左侧道路横坡	
	右侧道路横坡	
	设计纵坡	

（续表）

功能内容	功能内容元数据内容	元数据说明
	实际纵坡	
	数据状态	
	更新时间	
	备注	

表 A-49　　　　道路结构实测(调坡)元数据表

功能内容	功能内容元数据内容	元数据说明
道路结构实测（调坡）	类型名	
	实际里程/m	
	次里程环号	
	左侧顶面标高	
	设计路中	
	路中顶面标高	
	偏值	
	右侧顶面标高/m	
	左侧道路横坡	
	右侧道路横坡	
	设计纵坡	
	实际纵坡	
	数据状态	
	更新时间	
	备注	

表 A-50　　质量元数据表

功能内容	功能内容元数据内容	元数据说明
质量	类型名	
	混凝土强度	
	钢筋强度	
	备注	

0110303　牛腿

(1) 牛腿设计(表 A-51)

表 A-51　　结构设计元数据表

功能内容	功能内容元数据内容	元数据说明
结构设计	类型名	
	混凝土强度	
	钢筋强度	
	备注	

(2) 牛腿施工(表 A-52、表 A-53)

表 A-52　　进度元数据表

功能内容	功能内容元数据内容	元数据说明
进度	类型名	
	起始里程/m	
	终止里程/m	

（续表）

功能内容	功能内容元数据内容	元数据说明
	长度	
	施工时间	
	数据状态	
	更新时间	
	备注	
	线路序号	
	编号	

表 A-53　　　　质量元数据表

功能内容	功能内容元数据内容	元数据说明
质量	牛腿名称	
	类型名	
	施工质量描述	
	检查时间	
	检查人员	
	处置措施	
	处置时间	
	备注	

01103**04**　压重块

(1) 压重块设计(表 A-54)

表 A-54　　　　结构设计元数据表

功能内容	功能内容元数据内容	元数据说明
结构设计	类型名	
	混凝土强度	
	钢筋强度	
	备注	

(2) 压重块施工(表 A-55、表 A-56)

表 A-55　　　　进度元数据表

功能内容	功能内容元数据内容	元数据说明
进度	类型名	
	起始里程/m	
	终止里程/m	
	长度	
	施工时间	
	数据状态	
	更新时间	
	备注	
	线路序号	
	编号	

表 A-56 质量元数据表

功能内容	功能内容元数据内容	元数据说明
质量	压重块名称	
	类型名	
	施工质量描述	
	检查时间	
	检查人员	
	处置措施	
	处置时间	
	备注	

0110305 烟道板

(1) 烟道板设计(表 A-57)

表 A-57 结构设计元数据表

功能内容	功能内容元数据内容	元数据说明
结构设计	类型名	
	混凝土强度	
	钢筋强度	
	备注	

(2) 烟道板施工(表 A-58、表 A-59)

表 A-58　　　　　　进度元数据表

功能内容	功能内容元数据内容	元数据说明
进度	类型名	
	起始里程/m	
	终止里程/m	
	长度	
	施工时间	
	数据状态	
	更新时间	
	录入人员	
	校核人员	
	核查人员	
	备注	
	线路序号	

表 A-59　　　　　　质量元数据表

功能内容	功能内容元数据内容	元数据说明
质量	烟道板名称	
	类型名	
	施工质量描述	
	检查时间	
	检查人员	

（续表）

功能内容	功能内容元数据内容	元数据说明
	处置措施	
	处置时间	
	备注	

01104　江中泵房

(1) 江中泵房设计(表 A-60、表 A-61)

表 A-60　　设计排版元数据表

功能内容	功能内容元数据内容	元数据说明
设计排版	江中泵房	
	类型名	
	桩号里程	
	车到中心线里程/m	
	盾构中心线里程/m	
	＋0.000 对应绝对标高/mm	

表 A-61　　结构设计元数据表

功能内容	功能内容元数据内容	元数据说明
结构设计	江中泵风横向剖面图	
	江中泵房平面布置图	
	江中泵房纵向剖面图	

(2) 江中泵房施工(表 A-62、表 A-63)

表 A-62　　　　江中泵房施工进度元数据表

功能内容	功能内容元数据内容	元数据说明
进度	江中泵房名称	
	类型名	
	实测里程	
	施工开始日期	
	施工结束日期	
	备注	

表 A-63　　　　江中泵房施工质量元数据表

功能内容	功能内容元数据内容	元数据说明
质量	江中泵房名称	
	类型名	
	施工质量描述	
	检查时间	
	检查人员	
	处置措施	
	处置时间	
	备注	

011**05**　逃生楼梯

(1) 逃生楼梯设计(表 A-64、表 A-65)

表 A-64　　　逃生楼梯设计排版沈元数据表

功能内容	功能内容元数据内容	元数据说明
设计排版	逃生楼梯名称	
	类型名	
	桩号里程/m	
	备注	

表 A-65　　　逃生楼梯结构设计元数据表

功能内容	功能内容元数据内容	元数据说明
结构设计	逃生楼梯结构楼板图集	

(2) 逃生楼梯施工(表 A-66、表 A-67)

表 A-66　　　逃生楼梯施工进度元数据表

功能内容	功能内容元数据内容	元数据说明
进度	类型名	
	实测里程	
	施工开始日期	
	施工结束日期	
	备注	
	线路序号	

表 A-67　　逃生楼梯施工质量元数据表

功能内容	功能内容元数据内容	元数据说明
质量	逃生楼梯名称	
	类型名	
	施工质量描述	
	检查时间	
	检查人员	
	处置措施	
	处置时间	
	备注	

01106　设备

(1) 设备设计(表 A-68、表 A-69)

表 A-68　　设备设计排版元数据表

功能内容	功能内容元数据内容	元数据说明
设计排版	类型名	
	桩号里程/m	
	位置	
	关联环号	
	备注	

表 A-69 设备设计结构设计元数据表

功能内容	功能内容元数据内容	元数据说明
结构设计	类型名	
	箱号	
	长	
	高	
	备注	
	设备 ID	
	管养单位 ID	

(2) 设备施工(表 A-70)

表 A-70 设备施工进度元数据表

功能内容	功能内容元数据内容	元数据说明
进度	类型名	
	箱号	
	长	
	高	
	备注	
	设备 ID	
	管养单位 ID	

01107 预埋管线

(1) 预埋管线设计(表 A-71、表 A-72)

表 A-71　　预埋管线设计排版元数据表

功能内容	功能内容元数据内容	元数据说明
设计排版	类型名	
	桩号里程/m	
	位置	
	备注	

表 A-72　　预埋管线设计结构设计元数据表

功能内容	功能内容元数据内容	元数据说明
结构设计	类型名	
	备注	

(2) 预埋管线施工(表 A-73)

表 A-73　　预埋管线施工进度元数据表

功能内容	功能内容元数据内容	元数据说明
进度	类型名	
	桩号里程/m	
	位置	
	规格	
	施工时间	
	备注	
	线路序号	

2. 联络通道

(1) 联络通道设计(表 A-74、表 A-75)

表 A-74　　联络通道设计排版元数据表

功能内容	功能内容元数据内容	元数据说明
设计排版	结构名	
	类型名	
	上行线隧道里程/m	
	下行线隧道里程/m	
	盾构隧道中心距	
	上行线隧道中心标高/m	
	下行线隧道中心标高/m	
	所属土层层序	
	备注	

表 A-75　　联络通道图纸元数据表

功能内容	功能内容元数据内容	元数据说明
图纸	测温孔剖面布置图	
	冻结孔开孔位置图	
	冻结壁平面图	
	冻结壁剖面图	
	冻结孔里面布置图	
	隧道内冻结保温图	
	注浆孔布置图	

(2) 联络通道施工(表 A-76)

表 A-76　　联络通道施工进度元数据表

功能内容	功能内容元数据内容	元数据说明
进度	类型名	
	上行线隧道里程/m	
	下行线隧道里程/m	
	盾构隧道中心距	
	上行线隧道中心标高/m	
	下行线隧道中心标高/m	
	所属土层层序	
	打孔开孔时间	
	冻结开始时间	
	开挖开始时间	
	内部结构施工开始时间	
	打孔结束时间	
	冻结结束时间	
	开挖结束时间	
	内部结构施工结束时间	
	备注	

3. 工作井

工作井设计(表 A-77)

表 A-77　　　　　工作井设计排版元数据表

功能内容	功能内容元数据内容	元数据说明
设计排版	类型名	
	起始里程/m	
	终止里程/m	
	下一层标高	
	下二层(车道层)标高	
	下三层(轨道交通层)标高	
	下四层标高	
	烟道夹层标高	
	备注	

4. 暗埋段

(1) 暗埋段设计(表 A-78)

表 A-78　　　　　旧埋段设计排版元数据表

功能内容	功能内容元数据内容	元数据说明
设计排版	类型名	
	起始里程/m	
	终止里程/m	
	围护结构	
	起始地板标高	
	终止底板标高	
	内衬墙厚度	
	底板厚度	

（续表）

功能内容	功能内容元数据内容	元数据说明
	顶板厚度	
	起始净空高度	
	终止净空高度	
	备注	

（2）暗埋段施工（表 A-79）

表 A-79　　暗埋段施工进度元数据表

功能内容	功能内容元数据内容	元数据说明
进度	暗埋段名称	
	起始里程/m	
	终止里程/m	
	位置	
	设计槽段宽度/m	
	终挖宽度/m	
	设计槽段长度/m	
	终挖槽段长度/m	
	沉淀厚度/m	
	连续墙垂直度设计允许偏差	
	量测垂直度 H/（%/mm）	
	偏差 H/（%/mm）	
	异常情况说明	
	设计图号	
	备注	

5. 敞开段

(1) 敞开段设计(表 A-80)

表 A-80 敞开段设计排版元数据表

功能内容	功能内容元数据内容	元数据说明
设计排版	类型名	
	起始里程/m	
	终止里程/m	
	围护结构	
	起始地板标高	
	终止底板标高	
	起始路拱顶标高	
	终止路拱顶标高	
	坡顶搅拌桩底标高	
	平台搅拌桩底标高	
	备注	

(2) 敞开段施工(表 A-81)

表 A-81 敞开段施工进度元数据表

功能内容	功能内容元数据内容	元数据说明
进度	敞开段名称	

参 考 文 献

[1] Bazjanac V. IFC BIM-based methodology for semi-automated building energy performance simulation[J]. Lawrence Berkeley National Laboratory, 2008.

[2] Brush R. The PODS Data Model[C]. 4th International Pipeline Conference. American Society of Mechanical Engineers, 2002: 1277-1282.

[3] Chandler R J, Quinn P M, Beaumont A J, et al. Combining the power of AGS and XML: AGSML the data format for the future[C]. GeoCongress, 2006:1-6.

[4] CITYGRID Project. City model[EB/OL]. http://www.citygrid.at, 2004.

[5] de Laat R, van Berlo L. Integration of BIM and GIS: The development of the CityGML GeoBIM extension[M]. Advances in 3D geo-information sciences. Springer Berlin Heidelberg, 2011: 211-225.

[6] FGDC standardsprojects. FGDC Digital Cartographic Standard for Geologic Map Symbolization [EB/OL]. https://www.fgdc.gov/standards/projects/FGDC-standards-projects/geo-symbol/FGDC-GeolSymFinalDraftNoPlates.pdf. 1997.

[7] FGDC standardsprojects. Geologic Data Model [EB/OL]. https://www.fgdc.gov/standards/projects/FGDC-standards-projects/geologic-data-model, 2001.

[8] Herbschleb J. Ingeo-Base, an Engineering Geological Database [C]. Proc, 6th International IAEG Congress, Balkema, Rotterdam, 1990: 47-53.

[9] Isikdag U, Zlatanova S. Towards defining a framework for automatic generation of buildings in CityGML using building Information Models [M]. 3D Geo-Information Sciences. Springer Berlin Heidelberg, 2009: 79-96.

[10] Kagawa T, Zhao B, Miyakoshi K, et al. Modeling of 3D basin structures for seismic wave simulations based on available information on the target area: case study of the Osaka Basin, Japan[J]. Bulletin of the Seismological Society of America, 2004, 94(4): 1353-1368.

[11] Kessler H, Mathers S, Sobisch H G. The capture and dissemination ofintegrated 3D geospatial knowledge at the

British Geological Survey using GSI3D software and methodology[J]. Computers & geosciences, 2009, 35 (6): 1311-1321.

[12] Kolbe T H, Gröger G, Plümer L. CityGML: Interoperable access to 3D city models[M]. Geo-information for disaster management. Springer Berlin Heidelberg, 2005: 883-899.

[13] Li Z, Li P, Wu M, et al. Application of ArcGIS pipeline data model and GIS in digital oil and gas pipeline[C]. Geoinformatics, 18th International Conference on, IEEE, 2010: 1-5.

[14] Masser I. Building European spatial data infrastructures [M]. Esri Press, 2007.

[15] McCoy J, Johnston K. Environmental systems research institute. Using ArcGIS spatial analyst: GIS by ESRI [M]. Environmental Systems Research Institute, 2001.

[16] Nooren F P. The invention relates in particular to the use of a preparation for insulating and sealing underground objects which are in contact with moisture or water, for example underground steel manhole covers, underground tanks, lines: U. S. Patent 5, 898, 044[P]. 1999-4-27.

[17] Review of the Development and Implementation of IFC

compatible BIM[M]. Erabuild, 2008.
[18] SDSFIE Steering Group. Spatial Data Standards for Facilities, Infrastructure and Environment (SDSFIE) [S]. 2007.
[19] Styler M, Hoit M, McVay M. Deep foundation data capabilities of the Data Interchange for Geotechnical and Geoenvironmental Specialists (DIGGS) Mark-up Language[J]. Electronic Journal of Geotechnical Engineering, 2007.
[20] Tegtmeier W, Zlatanova S, vanOosterom P J M, et al. 3D-GEM: Geo-technical extension towards an integrated 3D information model for infrastructural development [J]. Computers & Geosciences, 2014, (64):126-135.
[21] TollD G, Cubitt A C. Representing geotechnical entities on the World Wide Web[J]. Advances in Engineering Software, 2003, 34:729-736.
[22] 安关峰,史勇,梅其岳,等. 城市地下空间信息化探讨[J]. 地下空间,2002,22(1):83-85.
[23] 程明进,钱建固,吕玺琳,等. 城市地下空间信息标准化[J]. 地下空间与工程学报,2009,5(增2):1427-1430,1524.
[24] 郭士博,钱建固,吕玺琳. 城市地下空间标准化与分类代码[J]. 地下空间与工程学报,2011,7(2):214-218,245.
[25] 侯学刚,王超,孙晓洪. 天津市地下空间信息化管理"三位一体"模式探讨[A]. 规划创新:2010中国城市规划年会论

文集,2010.

[26] 琚娟,朱合华,李晓军,张鹏飞. 数字地下空间基础平台数据组织方式研究及应用[J],计算机工程与应用,2006,42(26):192-194.

[27] 刘长文,王峰. 基于 Web 服务和 GML 的空间数据发布[J]. 测绘工程,2006,15(6):8-11.

[28] 刘映,尚建嘎,杨丽君,等. 上海城市地质信息化工作新模式初探[J]. 上海地质,2009,(1):54-58.

[29] 王珊珊. 城市地下空间信息平台运行机制研究——以上海市为例[D]. 华东师范大学,2008.

[30] 王长虹,朱合华. 数字地下空间与工程数据标记语言的研究[J]. 地下空间与工程学报,2011,7(3):418-423.

[31] 肖必强. 关系模式下扩展标识语言数据存储技术研究[D]. 武汉:华中科技大学,2004.

[32] 谢正光. 新形势下北京地铁的运营管理实践与思考[J]. 现代城市轨道交通,2008,(6):5-9.

[33] 张芳,朱合华,吴江斌,等. 城市地下空间信息化研究综述[J]. 地下空间与工程学报,2006,2(1):5-9.

[34] 郑国平. 城市地下空间信息系统设计及关键技术研究[D]. 上海:同济大学土木工程学院,2004.

[35] 朱建明,刘伟,腾长浪,等. 地下空间信息管理系统的建立[J]. 地下空间与工程学报,2009,5(3):413-418.

[36] 朱合华,李晓军.数字地下空间与工程[J].岩石力学与工程学报,2007,26(11):2277-2288.

[37] 朱合华,王长虹,李晓军,等.数字地下空间与工程数据库模型建设[J].岩土工程学报,2007,29(7):1098-1102.

[38] 朱合华,郑国平,张芳,等.城市地下空间信息系统及其关键技术研究[J].地下空间,2004,24(z1):589-595.

[39] 中华人民共和国国家标准.GB/T 9649.32—2009 地质矿产术语分类代码[S].北京:中国标准出版社,2009.

[40] 中华人民共和国行业标准.CJJ 61—2003 城市地下管线探测技术规程[S].北京:中国建筑工业出版社,2003.

[41] 苏州市信息化办公室,苏州市规划局,江苏省苏州质量技术监督局.SZJCDL 2007—00002 苏州市城市综合地下管线数据格式标准[S].苏州:苏州市规划局,2007.

[42] 中华人民共和国国家标准.GB/T 28590—2012 城市地下空间设施分类与代码[S].北京:中国标准出版社,2012.

[43] 中国地质调查局地质调查技术标准.DD 2006—06 数字地质图空间数据库[S].北京:中国地质调查局,2006.

[44] 中国地质调查局地质调查技术标准.地质调查元数据内容与结构标准[S].北京:中国地质调查局,2001.